Hermann Haken
Die Selbstorganisation komplexer Systeme –
Ergebnisse aus der Werkstatt der
Chaostheorie

Wiener Vorlesungen im Rathaus

Band 103
Herausgegeben für die Kulturabteilung der Stadt Wien
von Hubert Christian Ehalt

Vortrag im Wiener Rathaus
am 6. Februar 2003

Hermann Haken

Die Selbstorganisation komplexer Systeme – Ergebnisse aus der Werkstatt der Chaostheorie

Picus Verlag Wien

2. Auflage 2007

Grafische Gestaltung: Dorothea Löcker, Wien
Druck und Verarbeitung:
Druckerei Theiss GmbH, St. Stefan im Lavanttal
ISBN 978-3-85452-503-5

Informationen über das aktuelle Programm
des Picus Verlags und Veranstaltungen unter
www.picus.at

Die Wiener Vorlesungen im Rathaus

Die große Resonanz, die der Vortrag des berühmten deutschen Soziologen Prof. Dr. René König am 2. April 1987 im Wiener Rathaus bei einem sehr großen Publikum hatte, inspirierte die Idee einer Vorlesungsreihe im Rathaus zu den großen Problemen und Überlebensfragen der Menschen am Ausgang des 20. Jahrhunderts.

Das Konzept der Wiener Vorlesungen ist klar und prägnant: Prominente Denkerinnen und Denker stellen ihre Analysen und Einschätzungen zur Entstehung und zur Bewältigung der brisanten Probleme der Gegenwart zur Diskussion. Die Wiener Vorlesungen skizzieren nun seit Anfang 1987 vor einem immer noch wachsenden Publikum in dichter Folge ein facettenreiches Bild der gesellschaftlichen und geistigen Situation der Zeit. Das Faszinierende an diesem Projekt ist, dass es immer wieder gelingt, für Vorlesungen, die anspruchsvolle Analysen liefern, ein sehr großes Publikum zu gewinnen, das nicht nur zuhört, sondern auch mitdiskutiert. Das Wiener Rathaus, Ort der kommunalpolitischen Willensbildung und der Stadtverwaltung, verwandelt bei den Wiener Vorlesungen seine Identität von einem Haus der Politik und Verwaltung zu einer Stadtuniversität.

Das Publikum kommt aus allen Segmenten der Stadtbevölkerung; fast durchwegs kommen sehr viele Zuhörer aus dem Bereich der Universitäten und Hochschulen; das Wichtige an diesem Projekt ist jedoch, dass auch sehr viele Wienerinnen und Wiener zu den Vorträgen kommen, die sonst an wissenschaftlichen Veranstaltungen nicht teilnehmen. Sie kommen, weil sie sich mit dem Rathaus als dem Ort ihrer Angelegenheiten identifizieren, und sie verstärken durch ihre Anwesenheit den demokratischen Charakter des Hauses.

Es ist immer wieder gelungen, Referentinnen und Referenten im Nobelpreisrang zu gewinnen, die ihre Wissenschaft und ihr Metier durch die Fähigkeit bereichert haben, Klischees zu zerschlagen und weit über die Grenzen ihres Faches hinauszusehen. Das Besondere an den Wiener Vorlesungen liegt vor allem aber auch in dem dichten Netz freundschaftlicher Bande, das die Stadt zu einem wachsenden Kreis von bedeutenden Persönlichkeiten aus Wissenschaft und Forschung in aller Welt knüpft. Die Vortragenden kamen und kommen aus allen Kontinenten, Ländern und Regionen der Welt, und die Stadt Wien schafft mit der Einladung prominenter Wissenschaftlerinnen und Wissenschaftler eine kontinuierliche Einbindung der Stadt Wien in die weltweite »scientific community«.

Für die Planung und Koordination der Wiener Vorlesungen war es stets ein besonderes Anliegen, diese freundschaftlichen Kontakte zu knüpfen, zu entwickeln und zu pflegen.

Das Anliegen der Wiener Vorlesungen war und ist eine Schärfung des Blicks auf die Differenziertheit und Widersprüchlichkeit der Wirklichkeit. Sie vertreten die Auffassung, dass Kritik ein integraler Bestandteil der Aufgabe der Wissenschaft ist. Eine genaue Sicht auf Probleme im Medium fundierter und innovativer wissenschaftlicher Analysen dämpft die Emotionen, zeigt neue Wege auf und bildet somit eine wichtige Grundlage für eine humane Welt heute und morgen. Das Publikum macht das Wiener Rathaus durch seine Teilnahme an den Wiener Vorlesungen und den anschließenden Diskussionen zum Ort einer kompetenten Auseinandersetzung mit den brennenden Fragen der Gegenwart, und es trägt zur Verbreitung jenes Virus bei, das für ein gutes politisches Klima verantwortlich ist.

Fernand Braudel hat mit dem Blick auf die unterschiedlichen Zeitdimensionen von Geschichte drei durch Dauer und Dynamik voneinander verschiedene Ebenen beschrieben: »L'histoire naturelle«, das ist jener Bereich der Ereignisse, der den Rhythmen und Veränderungen der Natur folgt und sehr lange dauernde und in der Regel flache Entwicklungskurven aufweist. »L'histoire sociale«, das ist der Bereich der sozialen Strukturen und Entwicklungen, der Mentalitäten, Symbole und Gesten. Die Entwicklungen in diesem Bereich dauern im Vergleich zu einem Menschenleben viel länger; sie haben im Hinblick auf unseren Zeitbegriff eine »longue durée«. Und schließlich sieht er in der »histoire événementielle« den Bereich der sich rasch wandelnden Ereignisoberfläche des politischen Lebens.

Die Wiener Vorlesungen analysieren mit dem Wissen um diese unterschiedlichen zeitlichen Bedingungshorizonte der Gegenwart die wichtigen Probleme, die wir heute für morgen bewältigen müssen. Wir sind uns bewusst, dass die Wirklichkeit der Menschen aus materiellen und diskursiven Elementen besteht, die durch Wechselwirkungsverhältnisse miteinander verbunden sind. Die Wiener Vorlesungen thematisieren die gegenwärtigen Verhältnisse als Fakten und als Diskurse. Sie analysieren, bewerten und bilanzieren, befähigen zur Stellungnahme und geben Impulse für weiterführende Diskussionen.

Hubert Christian Ehalt

Die Selbstorganisation komplexer Systeme – Ergebnisse aus der Werkstatt der Chaostheorie

Ordnung und Chaos

Die Beziehung zwischen Ordnung und Chaos wird sehr anschaulich in einem berühmten Bild des Malers Escher illustriert. In der Mitte befindet sich ein wunderschöner gleichmäßiger Kristall, der umgeben ist von Abfall aller Art, wie zerbrochenen Flaschen, weggeworfene Ölsardinendosen und so weiter. Hier sind Ordnung und Chaos als etwas jeweils Statisches aufgefasst. Die moderne Wissenschaft befasst sich hingegen mit der Dynamik der Entstehung von Ordnung und Chaos und deren gegenseitigen Übergängen. Die uns umgebende Natur bringt eine Fülle geordneter Strukturen hervor. Ein Beispiel sind Wolkenstraßen, in denen über viele Kilometer hinweg geordnete Streifen von Wolken auftreten. Wie zum Beispiel Segelflugpiloten wissen, sind die einzelnen Streifen ständig in Bewegung mit aufsteigender und absteigender Luft. Derartige Ordnungsphänomene können auch im Labor er-

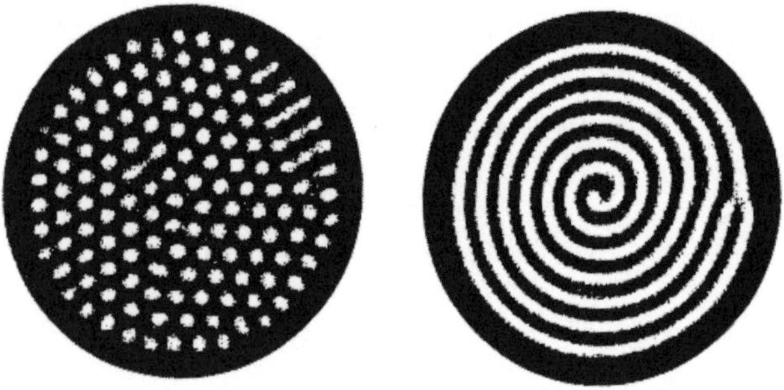

Abb. 1: Links: Bei einer Flüssigkeit in einer von unten gleichmäßig erhitzen Pfanne bilden sich so genannte Bénard-Zellen aus, die bienenwabenförmig angeordnet sind. Rechts: Wird der Rand der Pfanne nun auch gleichmäßig erhitzt, so tritt eine Umordnung der Struktur auf. Es entstehen eine oder mehrere ineinander greifende Spiralen.

zeugt werden, zum Beispiel bei einer Flüssigkeit, die in einer kreisrunden Pfanne gleichmäßig von unten erhitzt wird.

Abbildung 1 zeigt eine Computersimulation, wobei oben links das bereits lange bekannte, von Bénard entdeckte hexagonale Muster auftritt, bei dem in der Mitte jeder Zelle die Flüssigkeit aufsteigt, sich dann oben abkühlt und an den Rändern wieder hinunterfließt. Wie sowohl Experimente als auch Computersimulationen zeigen, tritt eine hochinteressante Umordnung auf, wenn auch der Rand gleichmäßig erhitzt wird. Aus dem hexagonalen Muster entstehen Spiralen. Beispiele für großräumige Musterbildungen liefert auch die Chemie: Schüttet man bestimmte Substanzen zusammen und verrührt sie, bilden sich aus der homogenen Mischung spontan konzentrische Kreise, die sich nach außen hin ausbreiten und sich dann bei Zusammentreffen mit anderen gegenseitig auslöschen. Derartige Vorgänge können auch als Modell für Gestaltbildungsprozesse in der Biologie aufgefasst werden, so etwa für die Entstehung von Streifenmustern tropischer Fische oder denen von Zebras. Die Dynamik von Ordnungsvorgängen wird besonders deutlich, wenn wir zum Beispiel den anmutigen Trab von Pferden betrachten.

Kann die Physik die Entstehung dynamischer geordneter Strukturen erklären?

Bis vor wenigen Jahrzehnten stand die Physik bei der Erklärung derartiger Ordnungsprozesse und vieler anderer vor einem grundsätzlichen Dilemma. Wie schon unsere tägliche Erfahrung lehrt, laufen Naturvorgänge in Richtung des Verschwindens geordneter Strukturen ab. Hierzu einige typische Beispiele: Bringt man einen heißen und einen kalten Körper zusammen, so gleicht sich die Temperatur aus. Die beiden Körper werden gleichmäßig warm. Bringt man ein Gefäß mit Molekülen mit einem leer gepumpten Gefäß, in dem also ein Vakuum herrscht, zusammen und zieht die Trennwand heraus, so breiten sich die Moleküle praktisch gleichmäßig über beide Gefäße aus. Der umgekehrte Prozess, dass nämlich die Moleküle sich in einem Gefäß spontan sammeln, wird nie beobachtet. Aufgrund all dieser Ausgleichsvorgänge sprach man in der Physik vom Wärmetod des Universums. Basis für diese Aussage war der grundlegende Begriff der Entropie als Maß für Unordnung, wonach in einem abgeschlossenen System die Entropie immer weiter ansteigen soll bis zu ihrem maximalen Wert. Der geniale österreichische Physiker Ludwig Boltzmann fand für dieses Anwachsen der Entropie eine mikroskopische Erklärung, die in Abbildung 2 kurz veranschaulicht wird.

Wie ist also das Dilemma, dass gemäß der Physik Strukturen verschwinden sollten, wobei das mikroskopische Chaos mehr und mehr anwächst, mit der tatsächlich beobachteten sponta-

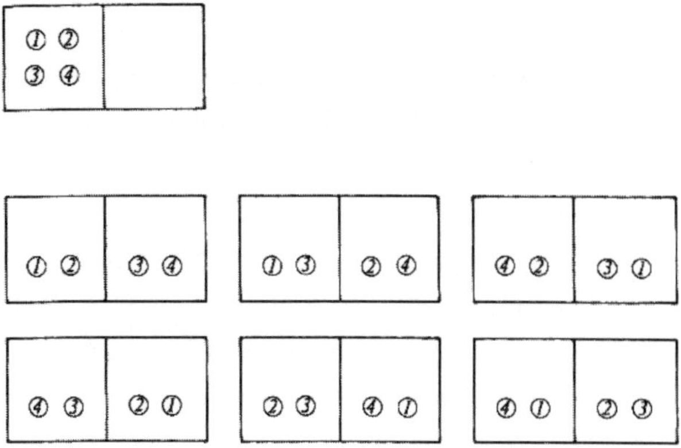

Abb. 2: Das Beispiel von vier Gasmolekülen in zwei Behältern zur Veranschaulichung der Boltzmann'schen Entropieformel $S = k \cdot lnW$. S ist die Entropie, k die Boltzmann-Konstante, ln der natürliche Logarithmus und W die Zahl der möglichen mikroskopischen Konfigurationen. Oben: Alle vier Moleküle befinden sich im linken Behälter. Es gibt nur eine Konfiguration, das heißt $W = 1$, und der Logarithmus verschwindet und damit auch die Entropie. Unten: Hier können sich die Gasmoleküle auf die beiden Behälter verteilen. Es gibt, wie man leicht nachzählen kann, sechs mikroskopische Realisierungen. Die Entropie ist also hier gleich $S = k \cdot ln6$. Nach Boltzmann werden in einem abgeschlossenen System solche makroskopischen Zustände realisiert, bei denen eine möglichst große Zahl von Mikrozuständen verwirklicht werden.

nen Strukturbildung in der Natur in Übereinstimmung zu bringen? Es war wiederum ein Österreicher, nämlich der berühmte Biologe Ludwig von Bertalanffy, der zum einen eine allgemeine Systemtheorie entwickelte, insbesondere aber ein Konzept einführte, das den Ausweg aus dem Entropiedilemma zeigte. Biologische Systeme sind nämlich nicht abgeschlossen, sondern befinden sich nach von Bertalanffy in einem Fließgleichgewicht, bei dem immer wieder oder ständig Energie in Form von Nahrung oder auch Sonnenlicht (bei den Pflanzen) zugeführt und dann degradierte Energie ausgeschieden wird. Bei all den Systemen, die wir im Folgenden betrachten, wird es sich demnach um so genannte offene Systeme handeln.

Das Laserparadigma

Ohne damals von den Arbeiten des Biologen von Bertalanffy zu wissen, gelangte ich von der Physik her zur Behandlung des Problems der Entstehung makroskopischer Ordnung aus mikroskopischem Chaos. Durch glückliche Umstände wurde ich schon frühzeitig mit der Erklärung der

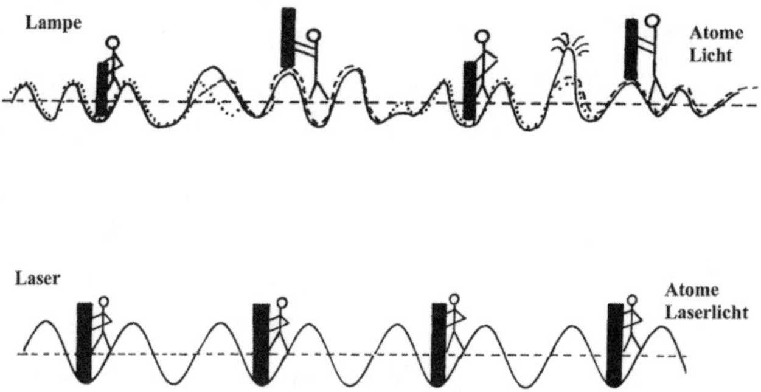

Abb. 3: Veranschaulichung des Unterschieds zwischen dem Licht einer Lampe und dem des Lasers. Das Licht wird durch die Bewegung einer Wasseroberfläche symbolisiert. Im oberen Teil stoßen die Männchen, die die Aktion der einzelnen Atome modellieren, ihre Pflöcke unabhängig in das Wasser, sodass eine wild bewegte Wasseroberfläche entsteht – entsprechend dem Licht einer üblichen Lampe. Im unteren Teil des Bildes stoßen die Männchen auf ein Kommando hin ihre Pflöcke völlig gleichmäßig rhythmisch in das Wasser, sodass eine hoch geordnete Wasserwelle zustande kommt.

Wirkungsweise einer damals ganz neuartigen Lichtquelle, des Lasers nämlich, konfrontiert. Bei einer typischen Anordnung befinden sich in einer Glasröhre Atome, die durch Elektronen eines hindurchgeschickten elektrischen Stromes immer wieder angeregt werden. Nach einem solchen jeweiligen Anregungsstoß senden sie eine Lichtwelle aus, so als hätte man einen Kieselstein ins Wasser geworfen. Da es sich um viele solcher angeregten Atome handelt, entsteht im Bild der Wasseroberfläche eine chaotisch angeregte Wasserfläche, das heißt das mikroskopisch chaotische Licht der üblichen Lampe. Erhöht man die Stromstärke über eine kritische Größe, so passiert plötzlich etwas völlig Neues: Wie von Geisterhand ordnen sich die Lichtwellen zu einer makroskopisch höchst gleichmäßigen Lichtwelle. Was dies im Bild des Wassers bedeutet, erläutert Abbildung 3. Während in der Abbildung aber Männchen das Wasser auf das Kommando eines Capos hin gleichmäßig anregen, ist beim Laser kein derartiger Capo vorhanden. Es handelt sich hier um einen typischen Prozess der Selbstorganisation. Untersuchen wir den Laserprozess genauer, erkennen wir folgenden Mechanismus: Trifft die Lichtwelle, die von einem angeregten Atom ausgesandt wurde, auf ein zweites angeregtes Atom, so kann diese Lichtwelle verstärkt werden. Sind viele Atome da, so kommt es offensichtlich zu einer Lawinenbildung. Immer wieder werden Lawinen induziert, die aber jeweils verschiedene Wellenlängen haben können. Zwischen derartigen Lichtwellen kommt es zu einem Konkurrenzkampf. Eine bestimmte Welle gewinnt und tritt als so genannter Ordner auf. Um die Wirkung dieser Lichtwelle auf die einzelnen Atome zu veranschaulichen, betrachten wir Boote auf einem See. Genauso wie die Boote bei einer über den See laufenden Welle im Takt auf und ab schwingen, zwingt die Lichtwelle die einzelnen Elektronen der Atome zu einem so genannten kohärenten Mitschwingen. Wir können also sagen, der Ordner versklavt die einzelnen Teile, in diesem Fall also die Elektronen der Atome. Umgekehrt aber schaffen die einzelnen Teile, nämlich die Elektronen, durch ihre Schwingungen erst das Lichtfeld und damit den gesamten Ordner. Hier lernen wir schon wesentliche Grundbegriffe für die später zu erläuternde Synergetik kennen. Nach dem Versklavungsprinzip bestimmen wenige Ordner das geordnete Verhalten sehr vieler Teile, in diesem Fall eben das der Elektronen der Atome. Dabei gilt die zirkuläre Kausalität. Der Ordner oder die Ordner bestimmen das Verhalten der Teile. Diese wiederum schaffen den Ordner. Gehen wir den Zirkel ganz herum, so sieht es aus, als würden die

Teile sich von alleine ordnen. Man kann hier auch von Konsensusfindung sprechen. Wenn wir umgekehrt den Kreis bei den Ordnern beschließen, so beschreiben wir das vorliegende komplexe System durch einen oder sehr wenige Ordner. Wir haben das Phänomen der Informationskompression vor uns.

Synergetik

Die von mir gefundenen Gesetzmäßigkeiten beim Laser haben indessen einen weit größeren Gültigkeitsbereich. Um diesen auszuloten, schlug ich 1969 vor, dies in einem interdisziplinären Gebiet zu ergründen, das ich »Synergetik« oder auf Deutsch »die Lehre vom Zusammenwirken« nannte. Ganz allgemein untersuchen wir also in der Synergetik Systeme, die aus sehr vielen einzelnen Teilen bestehen, die miteinander wechselwirken und dann auf makroskopischer Ebene Strukturen oder Funktionen hervorbringen. Es handelt sich also um die Erforschung der Emergenz neuer Qualitäten durch Selbstorganisation in komplexen Systemen. Die grundlegende Frage, der es also nachzugehen galt, war: Gibt es allgemeine Prinzipien unabhängig von der Natur der Teile, wobei es sich um Atome, Nervenzellen, Menschen oder viele andere Elemente handeln darf? Auf den ersten Blick erscheint diese Fragestellung natürlich als viel zu generell. Aber wie wir zeigen konnten, lassen sich tatsächlich allgemeine Prinzipien auffinden, die sich beispielhaft bereits beim Laser finden, wenn wir uns auf qualitative Änderungen der Systeme auf makroskopischer Ebene beschränken. Hinsichtlich der zugrunde liegenden mathematischen Theorie sei auf die Literatur verwiesen sowie auf die umfangreichen Anwendungen, die in den Bänden der »Springer Series in Synergetics« veröffentlicht worden sind. Interessanterweise lassen sich aber wesentliche Konzepte und Ergebnisse ohne Mathematik formulieren. Die in der Synergetik untersuchten Systeme sind festen äußeren Bedingungen unterworfen, die durch so genannte Kontrollparameter beschrieben werden. Die Energiezufuhr beim Laser oder bei der von unten erhitzten Pfanne ist Beispiel hierfür. Werden bestimmte Kontrollparameter nun geändert, so kann sich bei ganz bestimmten Werten das Systemverhalten schlagartig ändern, zum Beispiel bei der Entstehung des Laserlichts. Hier traten dann die Ordner in Erscheinung. Das Verhalten eines einzelnen Ordners lässt sich sehr schön mit dem einer Kugel in Gebirgslandschaften veranschaulichen, wobei diese für verschiedene Werte eines Kontrollparameters ganz verschieden aussehen können (vgl. Abbildung 4).

Das Gehirn als synergetisches System

Wie wir wissen, besteht das Gehirn aus Myriaden von einzelnen Neuronen. Deren Eigenschaften werden mit physikalischen, chemischen und physiologischen Methoden in immer feiner werdenden Details untersucht. Zugleich bringen aber die Neuronen und ihre Netze neue Qualitäten

Abb. 4: Das Verhalten eines Ordners kann durch das gebremste Hinabgleiten einer Kugel in einem »Potential«-Gebirge dargestellt werden. In Abhängigkeit vom Wert des Kontrollparameters α liegen verschiedene Gebirgslandschaften vor. Im oberen Teil der Abbildung rollt die Kugel in den Gleichgewichtszustand. Man muss sich bei all diesen Abbildungen vorstellen, dass die Kugel noch kleinen unregelmäßigen Stößen ausgesetzt ist. Die Kugel schwankt daher um ihre Ruhelage. Aber wegen der steilen Wände nur geringfügig. Mittlerer Teil: Der Kontrollparameter hat

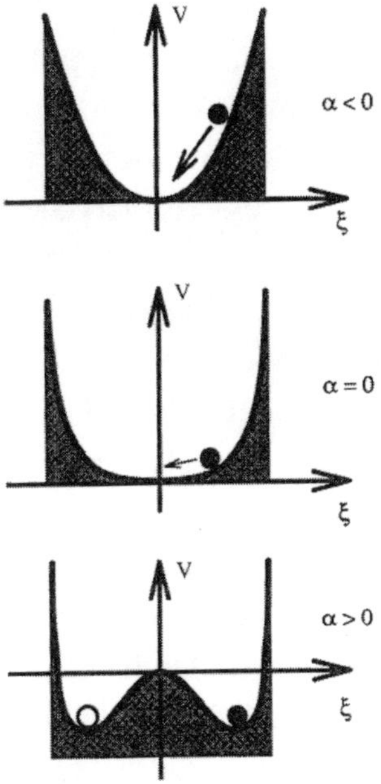

den kritischen Wert erreicht. Das Tal wird sehr flach, sodass die rücktreibenden Kräfte auf die Kugel gering werden. Die Kugel rollt daher, wenn sie einmal angestoßen war, nur langsam zur Ruhelage zurück (kritisches Langsamerwerden). Ferner haben die Stöße jetzt eine stärkere Wirkung. Die Kugel wird stärker ausgelenkt (kritische Fluktuationen). Unterer Teil: Überschreitet der Kontrollparameterwert den kritischen Wert, so entsteht eine neue Gebirgslandschaft mit zwei stabilen Lagen (Bistabilität). Das System kann allerdings nur jeweils eine der beiden Lagen realisieren (Symmetriebruch).

hervor. Sie besitzen emergente Eigenschaften, die sich im makroskopischen Verhalten manifestieren: Bewegungen, Atmung, Herzschlag, die Erkennung von Mustern, das Treffen von Entscheidungen. All dies erfordert die Kooperation vieler Zellen und so entsteht die grundlegende Frage: Wer oder was steuert die Neuronen? Mit anderen Worten: Wir haben es hier schließlich und endlich mit dem Körper-Geist-Problem zu tun. Meine Antwort dazu lautet, dass hier die Gesetze der Selbstorganisation wirken, und es ergibt sich die faszinierende Frage, inwieweit die Synergetik darauf Antworten geben kann. In den letzten beiden Jahrzehnten haben sich jedenfalls überraschende Einblicke in die Funktionsweise des Gehirns ergeben.

Kelsos Fingerexperiment

Einen ersten wesentlichen Hinweis auf die Tragweite synergetischer Konzepte in der Biologie und Medizin ergab die mathematische Modellierung und Erklärung von Kelsos Fingerexperimenten. Er forderte Testpersonen auf, die beiden Zeigefinger mit einer bestimmten Bewegungsge-

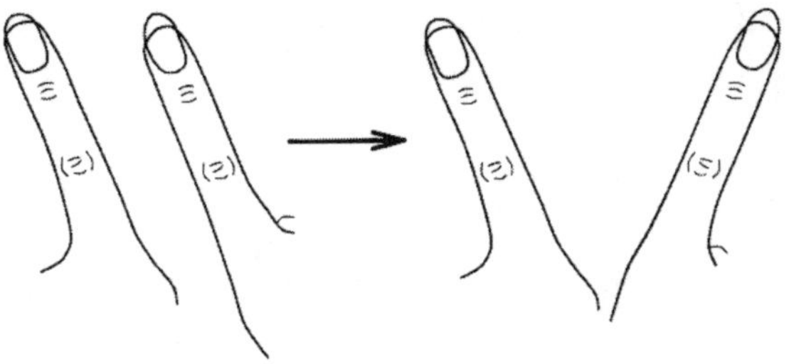

Abb. 5: Übergang von der parallelen Fingerbewegung links zur antiparallelen, symmetrischen Fingerbewegung rechts.

schwindigkeit parallel zu bewegen. Wurde die Bewegungsgeschwindigkeit erhöht, so trat ein unfreiwilliger Übergang zu einem anderen Bewegungsmodus auf (Abbildung 5). Trägt man die Auslenkungen der beiden Finger gegenüber der Zeit auf, so ergibt sich im Übergang von der einen in die andere Bewegung das in Abbildung 6 gezeigte Bild. Die zunächst gegeneinander verschobenen Oszillationen fallen schließlich zusammen. Der Kontrollparameter ist hier schnell identifiziert. Er ist offenbar die Frequenz (Geschwindigkeit) der Fingerbewegung. Als Ordnungsparameter fungiert ganz offensichtlich die relative Phase. Diese erleidet ja hier einen quali-

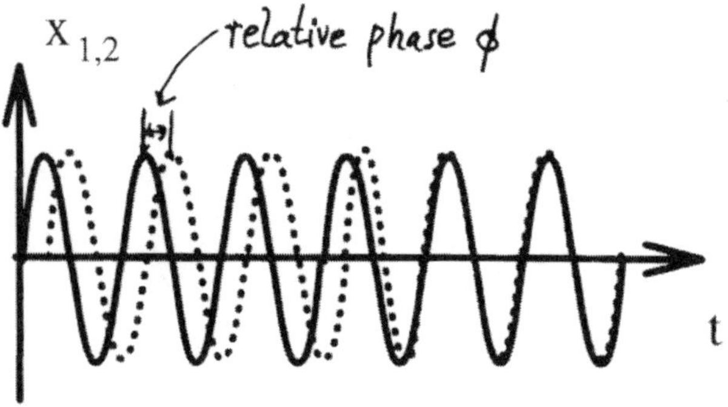

Abb. 6: Die Auslenkungen x_1 und x_2 der beiden Zeigefinger sind hier gegenüber der Zeit t aufgetragen. Die Oszillationen sind deutlich zu sehen. Bei der parallelen Fingerbewegung sind die Kurven so verschoben, dass das Minimum der einen mit dem Maximum der anderen zusammenfällt. Bei der antiparallelen Bewegung fallen hingegen die beiden Kurven aufeinander.

tativen Übergang. Es lag nahe, eine Gebirgslandschaft in Analogie zur Abbildung 4 zu konstruieren, vergleiche Abbildung 7. Hierbei ist die Abszisse die relative Phase und V stellt die Höhe des jeweiligen Gebirges dar. Wird die Frequenz erhöht, so durchläuft das Gebirge Zeile für Zeile Deformationen, bei denen die ursprünglich besetzte Talsohle bei $\phi = \pi$ verschwindet. Die Kugel, deren Lage die relative Phase symbolisiert, rollt dann in das tiefere Tal. Beim Verschwinden

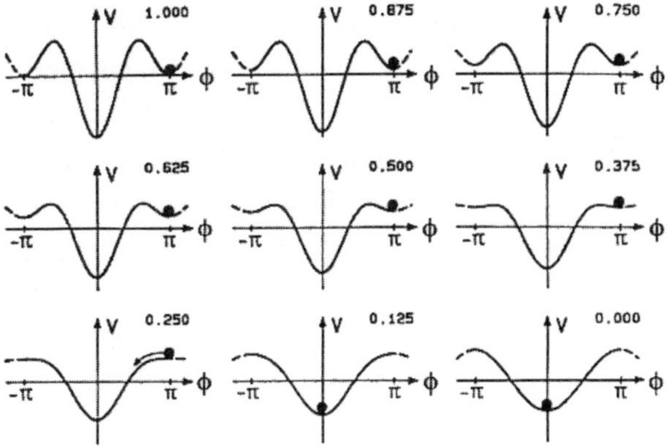

Abb. 7: Ein Potenzialgebirge für die Größe der relativen Phase ϕ, die als Ordner fungiert. Die Deformationen des Gebirges sind als Funktion eines geeignet geeichten Kontrollparameters dargestellt. Besonders interessant ist die Situation, wenn das obere Tal verschwindet.

des Tales treten besonders starke Schwankungen des Ordners auf. Diese wurden auch von Kelso gemessen. Befinden sich die Finger mit ihrer relativen Phase in dieser Situation, so kehren sie bei einer Störung ihrer Bewegung nur langsam wieder in die Ruhelage zurück. Es handelt sich um das kritische Langsamerwerden. Haben bei relativ hoher Bewegungsgeschwindigkeit die Finger die relative Phase bei $\phi = 0$, liegt also die

Kugel im Tal, und wird die Fingergeschwindigkeit nun verlangsamt, so wird die Kugel natürlich jetzt nicht spontan in das höhere Tal zurückspringen. Der Bewegungszustand bleibt erhalten, während er sich doch vorher bei Erhöhung der Geschwindigkeit geändert hat. Dies ist das Phänomen der Hysterese. Die drei genannten Eigenschaften, Hysterese, kritisches Langsamerwerden und kritische Fluktuation, sind typische Manifestationen von Selbstorganisationsvorgängen und können nicht durch ein Motorprogramm erklärt werden, wie dies traditionell bei der Bewegungssteuerung von Gliedmaßen angenommen wird.

Gestaltpsychologie und Synergetik

Beleuchten wir den Zusammenhang zwischen den Ordnern und den Teilen etwas genauer. Nach der Synergetik ändern sich Ordner – grob gesprochen – langsam, das Verhalten der Teile hingegen schnell. Übertragen wir diese Einsicht auf das Gehirn im Hinblick auf die Wahrnehmung! Wie wir wissen, entstehen Perzepte in etwa 1/10 Sekunde. Die Neuronen hingegen wirken auf Zeitskalen von 1/1000 Sekunde. Die Zeitskalen-

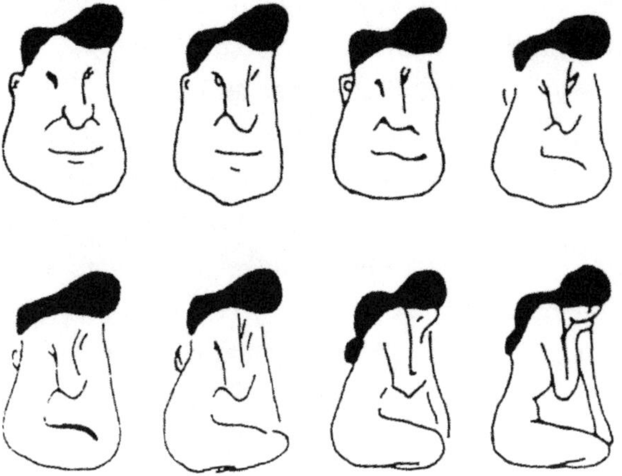

Abb. 8: Beispiel für Hysterese bei der visuellen Wahrnehmung. Sieht man die einzelnen Figuren von links oben kommend und dann weiter bis nach rechts unten an, so erfolgt der Umschlag von einem Männergesicht zu einer Frauengestalt erst in den unteren Zeile. Betrachtet man die einzelnen Figuren in der umgekehrten Richtung, so erfolgt der Umschlag erst in der oberen Zeile. Unser jeweiliges jetziges Perzept wird also von den vorangegangen Perzepten beeinflusst.

trennung ist also hier gegeben und dies ist ein Grund, wenn auch nicht der einzige, anzunehmen, dass wir die Perzepte mit den Ordnern identifizieren können, die Neuronen hingegen mit den einzelnen Teilen. Auf der Ebene der Ordner sind aber nun eine Reihe allgemeiner Verhaltensweisen bekannt. Bei einem Ordner kommt es, wie aus Abbildung 4 ersichtlich, zum Verhalten der Bistabilität. Der Ordner (die Kugel) kann zwei ganz verschiedene stabile Lagen einnehmen. Dies ist auch bei der Wahrnehmung bestimmter Bilder möglich, etwa bei einem Bild des berühmten italienischen Malers Arcimboldo. Man erkennt entweder ein fürstlich anmutendes Gesicht oder bei näherem Hinblicken nichts anderes als eine Ansammlung von Obst und Gemüse. Ein weiteres Beispiel für das Verhalten eines Ordners ist das der Hysterese, bei der der Ordnungszustand von der Vergangenheit abhängig ist. Auch dies trifft bei der Wahrnehmung zu, wie aus Abbildung 8 ersichtlich wird. Ein bekanntes Phänomen aus der Gestaltpsychologie ist schließlich das der Kippfiguren, etwa wenn wir beim Betrachten von Abbildung 9 zunächst eine junge Frau sehen, die dann aber in das Perzept einer alten Frau übergeht. Dann wieder kehrt die junge Frau wieder und so weiter. Dieses Hin- und Hergehen der Perzeption haben wir im Detail mit Methoden der Synergetik modellieren können, wobei als Kontrollparameter die Aufmerksamkeit fungiert, die hier selbst zeitabhängig wird

Abb. 9: Eine Kippfigur, bei der die Perzepte junge Frau und alte Frau sich gegenseitig ablösen.

und Oszillationen im Laufe des Prozesses unterworfen ist. Das Erkennen von Gesichtern und anderen Objekten lässt sich mit den Konzepten der Synergetik im Detail mithilfe des synergetischen Computers modellhaft erfassen, wobei wiederum die Aktion der Ordner deutlich wird. Hier sei darauf hingewiesen, dass der synergetische Computer auch Szenen analysieren kann.

Wir zeigten dem Computer ein Bild mit einem Frauengesicht im Vordergrund und einem davon halbverdeckten Männergesicht. Unser Computer erkannte zuerst die Frau. Wurde dann der zugehörige Aufmerksamkeitsparameter auf Null gesetzt und das Bild nochmals dem Computer gezeigt, so erkannte er den Herrn im Hintergrund. Dies scheint uns ein Hinweis darauf zu sein, wie auch unser Gehirn Szenen analysiert. Ist zum Beispiel ein Objekt erkannt, so verschwindet die entsprechende Aufmerksamkeit und das Gehirn analysiert die Szene aufs Neue.

Ein Intermezzo: Phänomenologische Synergetik

Vielleicht sollten wir an dieser Stelle ein klein wenig pausieren. So wie die Synergetik begann, befasste sie sich mit der Beziehung zwischen dem Verhalten der einzelnen Elemente und dem makroskopischen Verhalten des Gesamtsystems, wobei selbst bei einem komplexen System das Verhalten von wenigen Ordnern mathematisch beschrieben werden kann. Diesen letzteren Teil der Synergetik habe ich phänomenologische

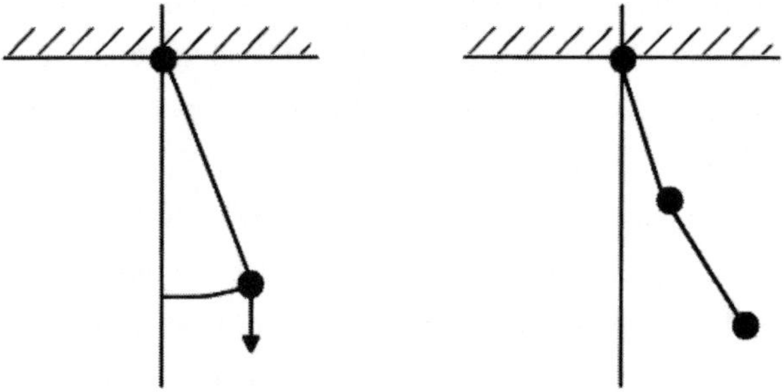

Abb. 10: Links: Pendel, rechts: Doppelpendel

Synergetik genannt und die Beispiele der Modellierung des Kelso-Fingerexperiments sowie der gestaltpsychologischen Phänomene gehören diesem Problemkreis an. Natürlich bleibt die Frage, was denn nun auf der Ebene der einzelnen Teile passiert und inwieweit hier das Versklavungsprinzip gilt. Dieser Frage will ich im übernächsten Kapitel nachgehen, zunächst aber die Verbindung zur Chaostheorie herstellen.

Wo steckt das Chaos?

Um zu sehen welche Beziehungen zwischen Synergetik und Chaostheorie bestehen, fangen wir mit einfachen Beispielen aus der Physik an, die man sehr lange Zeit als lineare Physik ansehen konnte. Das einfachste Beispiel ist das Pendel oder eine Schaukel (Abbildung 10). Bei kleinen Auslenkungen ist die rücktreibende Kraft aufgrund der Schwerkraft linear in der Auslenkung, das heißt, ist die Auslenkung doppelt so groß, so ist auch die Kraft doppelt so groß. Es kommt hierbei zu harmonischen Schwingungen. Ein etwas komplizierteres System ist das Doppelpendel, bei dem es bei kleinen Auslenkungen der einzelnen beiden Pendel ebenfalls zu harmonischen, das heißt Sinusschwingungen oder überlagerten Sinusschwingungen, kommt. Ein ebenfalls exakt behandelbares Problem ist das Kepler-Problem, das heißt das Problem der Bewegung eines Planeten um die Sonne. Die Bewegung erfolgt bekanntlich auf Ellipsenbahnen und kann exakt berechnet werden. Als aber vor mehr als hundert Jahren der französische Mathematiker Henri Poincaré das Verhalten von drei Himmelskörpern untersuchte, entdeckte er, dass es hier zu höchst unregelmäßigen Bewegungen kommen kann, die von enormer Komplexität sind. Vermutlich wegen der Komplexität des Problems und dem Fehlen leistungsfähiger Computer blieb diese Art von Bewegung, die heute als deterministisches Chaos bezeichnet wird, lange Zeit unerforscht. In den sechziger Jahren des letzten Jahrhunderts entdeckte der Meteorologe Edward Lorenz bei der Untersuchung eines Modells von Flüssigkeitsströmungen, die er auf Vorgänge der Meteorologie anwendete, den so genannten Schmetterlingseffekt. Werden Anfangsbedingungen bei einem mechanischen Problem auch nur ganz geringfügig geändert, so ändert sich im Laufe der Zeit das Verhalten des Systems gegenüber jenem mit den ursprünglichen Anfangsbedingungen drastisch. Auch das Doppelpendel zeigt bei großen Auslenkungen völlig unregelmäßige Bewegungen. Allgemein spricht man in der Chaostheorie von der Empfindlichkeit gegenüber den Anfangsbedingungen, die sich leicht an einem mechanischen Modell illustrieren lässt. Fällt nämlich eine kleine Stahlkugel auf eine senkrecht stehende Rasierklinge, so hängt der weitere Bahnverlauf ganz empfindlich von der relativen Auftrefflage der Kugel gegenüber der Rasierklingenkante ab. Dieser Effekt ist schon lange bekannt und wird bei Glücksspielen mithilfe des Galtonbretts realisiert (Abbildung 11). Chaotische Bewegungen werden möglich, wenn die Be-

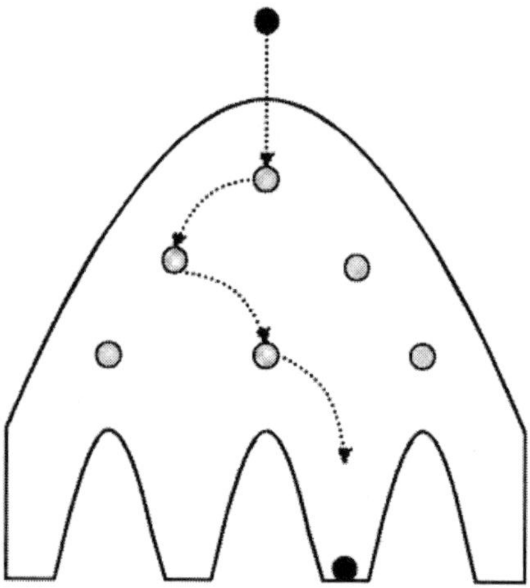

Abb. 11: Das Galtonbrett als Urtyp einer Glücksspielmaschine. Der Weg der schwarzen Kugel in einen der Töpfe ist nicht voraussagbar.

wegungsgesetze nicht linear sind. Man spricht dann von nichtlinearer Dynamik. Die dynamischen Strukturen, das heißt auch die hoch geordneten Strukturen, die wir beim Laser, bei Flüssigkeiten und bei Gehirnvorgängen finden, werden erst durch die Nichtlinearitäten möglich. Charakteristisch für die heute bekannte Chaostheorie ist, dass sie nur wenige Freiheitsgrade behandelt, wie wir sie etwa beim Pendel, Doppelpendel oder beim Dreikörper-Problem der Himmelsmechanik vor uns haben. Umgekehrt handelt es sich bei der Bildung aller dynamischen Strukturen, die wir in den Beispielen Laser, Flüssigkeiten, Gehirnvorgängen et cetera betrachten, um solche, in denen anfänglich sehr viele Freiheitsgrade involviert sind. Warum können wir hier dennoch wenige Freiheitsgrade betrachten, um die Chaostheorie zu verwenden? Die grundlegende Idee liegt im Versklavungsprinzip der Synergetik, nach dem das Verhalten vieler Teile jeweils an Instabilitätspunkten durch wenige Größen, die Ordner, bestimmt wird. Insofern ist die Chaostheorie ein Bestandteil der Synergetik. Es ist sicher eine interessante Frage, warum in der Öffentlichkeit dem Wort Chaostheorie der Vorzug gegeben wird. Doch soll dies hier nicht mein Gegenstand sein.

Chaos im Gehirn

Kehren wir lieber zu der Frage zurück, wie denn auch beim Gehirn die makroskopischen und die mikroskopischen Phänomene miteinander verknüpft sind. Ein Beispiel hierfür liefert die Analyse des Elektronenzephalogramms, kurz EEG,

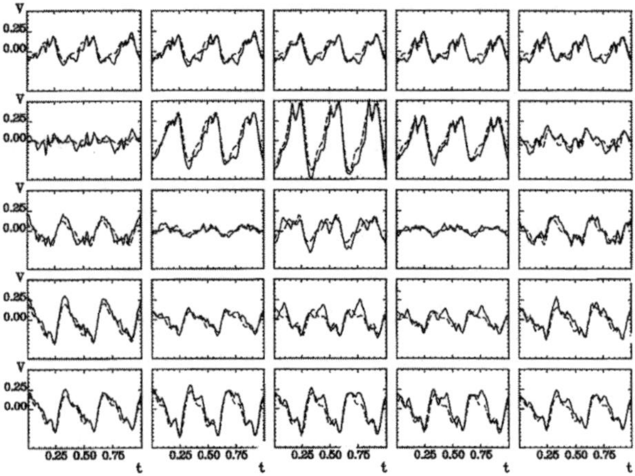

Abb. 12: Messkurven der elektrischen Potentiale V bei einem Anfall von Petit-mal-Epilepsie. Die Lage eines einzelnen Kästchens entspricht grob der Lage der zugehörigen Elektrode auf der Schädeldecke. In den einzelnen Kästchen ist nach rechts die Zeit und nach oben das elektrische Potenzial an der betreffenden Stelle aufgetragen.

bei dem die elektrischen Felder, die im Gehirn entstehen, durch Elektroden auf der Schädeldecke gemessen werden. Wir sehen uns hier Erscheinungen an, die bei der so genannten Petit-mal-Epilepsie auftreten, Bewusstseinsstörungen, die nur wenige Sekunden andauern. Wie kompliziert

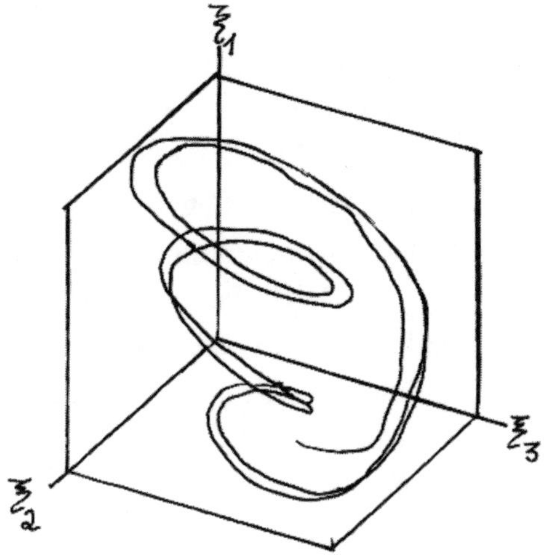

Abb. 13: Trägt man die Größen der Ordner ξ_1, ξ_2, ξ_3 in einem dreidimensionalen Raum als Funktion der Zeit auf, so ergibt sich eine Kurve, die von unten nach oben nach außen spiralt und dann wieder nach unten zurückkehrt. Dies entspricht dem Shilnikov-Chaos, einer unregelmäßigen Bewegung, die aber im Großen und Ganzen doch wieder eine gewisse Ordnung zeigt.

die Messergebnisse aussehen können – und das ist nur ein besonders einfacher Fall – zeigt Abbildung 12, wo jeder einzelnen Elektrode auf dem Gehirn ein Kästchen zugeordnet ist. In jedem Kästchen ist nach oben die gemessene elektrische Spannung (gegen eine Referenzelektrode) gegenüber der Zeit aufgetragen. Aus diesen einzelnen Messkurven lässt sich zu jedem Zeitpunkt die Verteilung der Höhe der elektrischen Spannung über der Schädeldecke berechnen. Wir können damit das elektrische Potential als jeweilige Höhenverteilung eines Gebirges über einer x-y-Ebene auftragen. Dabei ändert sich diese Gebirgslandschaft auch im Laufe der Zeit *t*. An dieser Stelle kommt nun eine grundlegende Einsicht der Synergetik hinzu. Wir erwarten nämlich, dass bei Ordnungsübergängen nur wenige Ordner am Werke sind. Hier müssen wir nun die einzige Formel dieser Vorlesung hereinbringen. Die Idee besteht darin, das elektrische Potenzial $V(x,y;t)$ als Überlagerung mehrerer einzelner Glieder aufzufassen, und zwar im vorliegenden Falle als Überlagerung von drei Gliedern, von denen jeweils der eine Faktor ξ gerade die Größe des Ordners ist:

$$V(x,y;t) = \xi_1(t)v_1(x,y) + \xi_2(t)v_2(x,y) + \xi_3(t)v_3(x,y)$$

Die Größen $v(x,y)$ sind spezielle Gebirgsformen. Das Potenzialgebirge V wird also als Übereinanderschichtung verschiedener Gebirge aufgefasst. In Erweiterung von Analysemethoden, die von Friedrich, Fuchs und mir eingeführt worden sind, gelang es Friedrich und Uhl, aus den experimentellen Daten den Zeitverlauf der Ordner herzuleiten, wie er in Abbildung 13 dargestellt ist. Zur großen Überraschung ergab sich, dass ein solcher Zeitverlauf schon früher von einem russischen Mathematiker aufgrund ganz abstrakter Überlegungen betrachtet worden war und als Shilnikov-Chaos bekannt ist. Bei einem bestimmten epileptischen Anfall tritt also das Shilnikov-Chaos auf. Zugleich manifestiert sich dieser Anfall darin, dass hier nur wenige Ordner auftreten. Mit anderen Worten feuern hier sehr viele Neuronen synchron. Bei einem epileptischen Anfall sind also statt der vielen einzelnen Freiheitsgrade der Neuronen nur die wenigen Freiheitsgrade der Ordner am Werk, woraus sich erste Ansätze für eine Behandlung ergeben.

Zusammenfassung

Fassen wir zusammen: Ausgangspunkt war ein scheinbares physikalisches Dilemma, nämlich die Frage: Wie können Ordnungszustände entstehen, obwohl doch mit dem Anwachsen der Entropie der Welt alle Ordnungszustände zerfallen sollten? Die erste Antwort war: Dieses Entropiegesetz gilt für abgeschlossene Systeme. Offene Systeme werden in ihrer Funktion und Organisation nach Ludwig von Bertalanffy hingegen durch einen ständigen Ein- und Ausstrom von Energie und/oder Materie aufrechterhalten. Das Laserbeispiel enthüllte detaillierte Mechanismen und führte zu grundlegenden Begriffsbildungen wie Ordnungsparameter und Versklavungsprinzip. Von zahlreichen Anwendungsbeispielen habe ich einige Phänomene der Gehirntätigkeit herausgegriffen. Hiernach bilden sich durch Selbstorganisation ständig neue kollektive Zustände im Gehirn heraus, die durch Ordner wiedergegeben werden können und die zumindest in einfachen Fällen sogar überschaubaren mathematischen Gesetzmäßigkeiten genügen. Die Erforschung des Zusammenhangs zwischen Ordnern und den einzelnen versklavten Teilen, den Neuronen, wird sicherlich ein wichtiges Forschungsgebiet für die Zukunft sein.

Literatur

Haken H., Erfolgsgeheimnisse der Natur. Synergetik: Die Lehre vom Zusammenwirken. Reinbek bei Hamburg: Rowohlt 1995

Haken H., Haken-Krell M. Gehirn und Verhalten. Unser Kopf arbeitet anders, als wir denken. Stuttgart: Deutsche Verlags-Anstalt 1997

Der Autor

Hermann Haken, geboren 1927 in Leipzig, emer. Universitätsprofessor am Institut für Theoretische Physik der Universität Stuttgart, Leiter des dortigen »Zentrums für Synergetik«, ist Pionier der Theorie des Lasers und Begründer der Synergetik, der Lehre des Zusammenwirkens und der Selbstorganisation von komplexen Systemen. Studium der Mathematik und Physik in Halle und Erlangen, 1951 Promotion, 1956 Habilitation, 1959–1961 Gastwissenschafter an der University of Liverpool, der Cornell University und am Bell Telephone Laboratory in Murray Hill. 1960–1995 o. Professor in Stuttgart, Gastforscher am Research Institute for Fundamental Physics Yukawa Hall in Kyoto/Japan, an Instituten in Paris, Strasbourg, Italien und den USA. Seine wissenschaftlichen Arbeiten umfassen Laserphysik und nichtlineare Optik, Festkörperphysik, Statistische Physik, Verzweigungstheorie, Synergetik. Er ist Autor und Herausgeber zahlreicher Bücher über Atom- und Molekülphysik, Prinzipien der Gehirnfunktion, Informationstheorie, Synergetik, die als Standardwerke in der

Physikerausbildung gelten und in viele Sprachen übersetzt wurden. Ihm wurden zahlreiche hohe nationale und internationale Auszeichnungen zuteil, darunter die Aufnahme in den Orden »Pour le mérite«.